蟲小看世界2

# 蟲來沒看過

文・攝影 楊維晟　圖 蔡其典

目錄

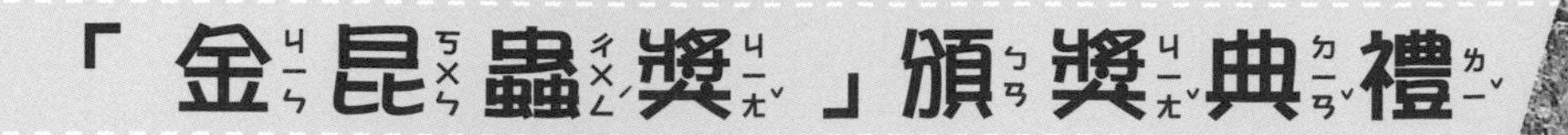

# 「金昆蟲獎」頒獎典禮

第一屆「金昆蟲獎」即將開幕，這是昆蟲們的盛會，吸引了世界各地的昆蟲前來參加，競爭非常激烈！

1 紅螢
2 姬獨角仙
3 小灰蝶
4 螽蟴

2 南洋大兜蟲
1 蠟蟬
3 葉蜂幼蟲
4 枯葉螳螂

這次金昆蟲獎的主題是「從來沒看過」，只有越稀奇古怪的長相、越不容易見到的昆蟲，才有機會贏得大獎喔，保證牠們跟你所知道的昆蟲都不相同。

請試著辨認看看，這些入圍的昆蟲當中，你認得幾種呢？

# 1 挑選參賽者

只有昆蟲才能參加金昆蟲獎，但是有一群外表長得像昆蟲的節肢動物，像是蜘蛛、馬陸等，竟然想偷偷參加選拔。幸好，

大會評審對昆蟲相當了解，牠們的第一項工作就是把不是昆蟲的參賽者揪出來。

先來看昆蟲的特徵吧！昆蟲的身體分為三個體節，分別是頭部、胸部與腹部；第二個特徵就是昆蟲有六隻腳，左右各三隻，成為三對腳，分別是前腳、中腳與後腳。知道這兩個特徵，就很容易認出昆蟲了。

再來看看蜘蛛，牠的外形真的很像昆蟲，但蜘蛛的身體只分為兩個體節，分別是頭胸部與腹部，而且擁有八隻腳，比昆蟲還多兩隻，想假裝都沒辦法呢！

1 蜘蛛

而身體有好多體節和腳的蜈蚣與馬陸，更不會是昆蟲，牠們都得出局啦。

2 蚰蜒
救命啊！
快逃！
3 馬陸
8000.00
4 蜘蛛

## 2 最特殊臉部表情獎

馬上進入第一個獎項，首先呢，要選出臉部表情最特殊的昆蟲。不管是長得像外星人或是臉孔滑稽的蟲，都有機會得獎。

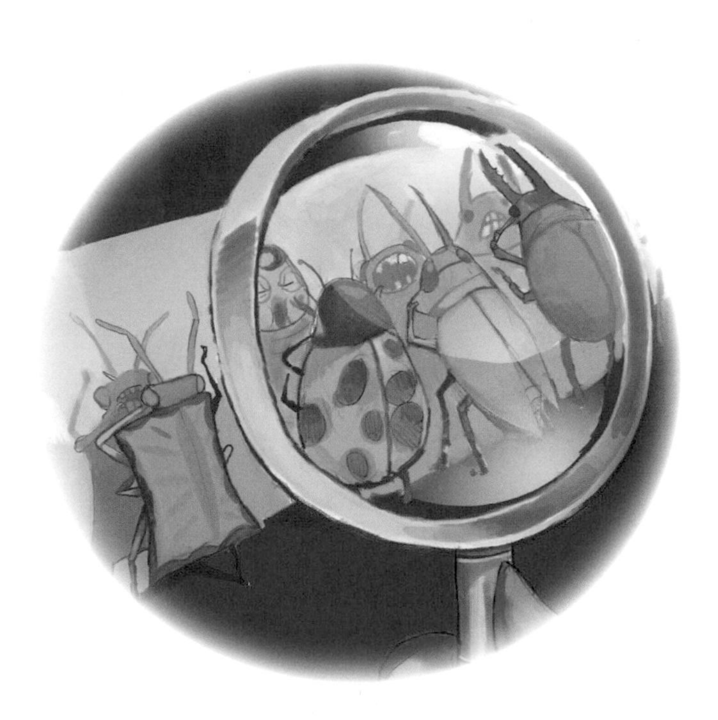

真難選呀！
今年競爭真激烈呀！

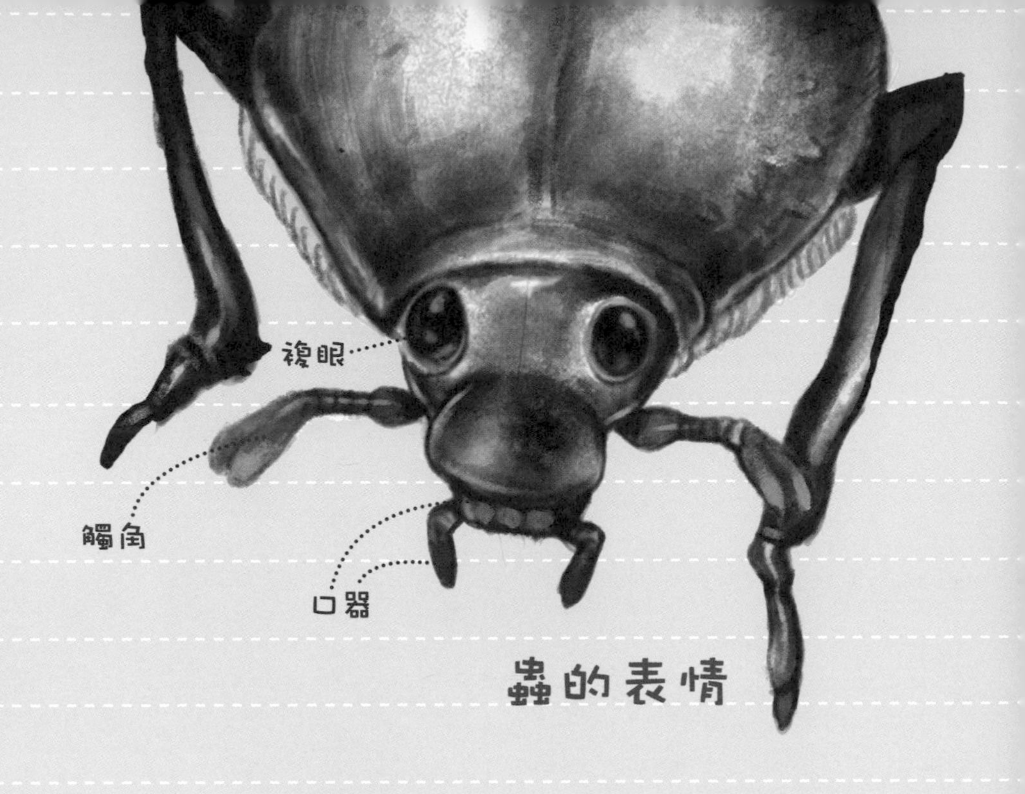


## 蟲的表情

其實昆蟲並沒有表情，因為牠們的臉部沒有肌肉，無法像人類有喜、怒、哀、樂的表情。但昆蟲的頭部有許多器官，像複眼、觸角、口器等造型特殊的器官，全部組合起來就成為一張特殊的「臉」。

而這些集中在臉部的器官，是昆蟲接觸世界最重要的工具。

## 人的表情

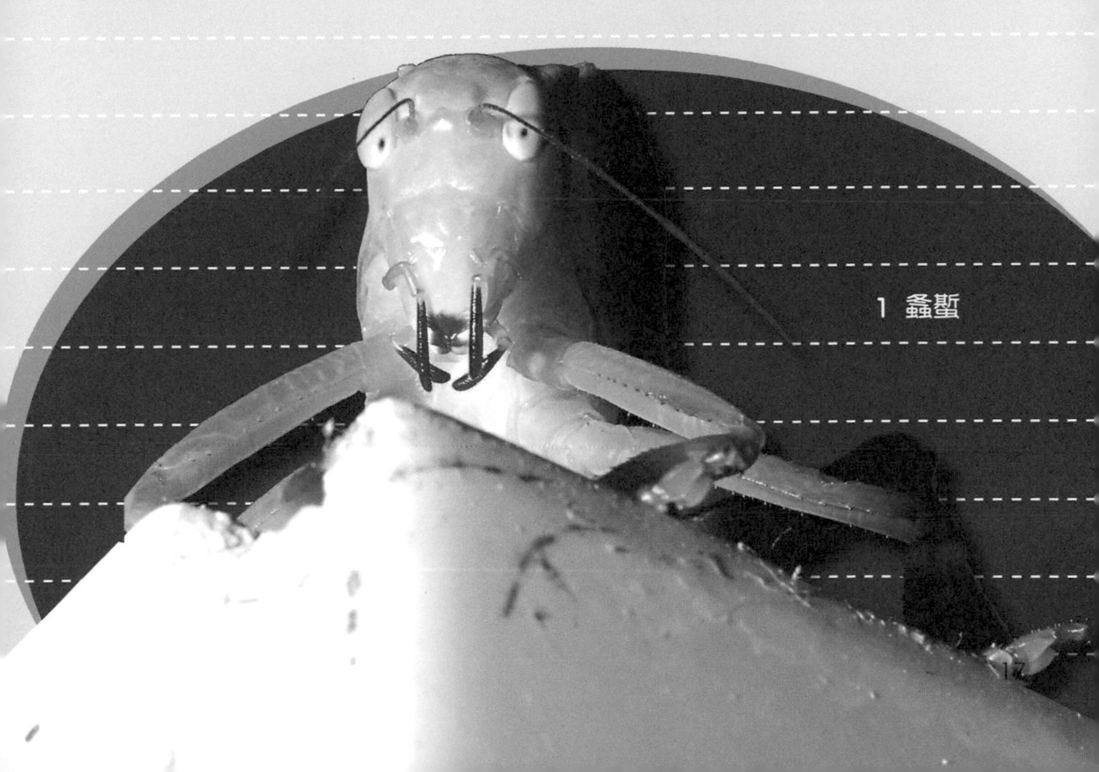

複眼可以讓昆蟲看到眼前出現的物體，功能和人類的眼睛差不多，但昆蟲的眼是由數百個「單眼」組合成一個「複眼」。想像人類臉上長了數百顆眼睛的模樣，很恐怖吧。

1 天牛

觸角告訴我那裡有好吃的。

口器像是嘴巴，負責把食物吃進肚子。長長的觸角上有細小又靈敏的感應器，可以感受到風的方向與食物的味道，厲害吧！這些特殊器官讓昆蟲有張奇異的臉，很像電影中外星生物的縮小版，化妝師大概就是參考昆蟲的造型，才創造出那麼獨特的外星生物，也難怪昆蟲如此有看「頭」。

1 小灰蝶

口器

我是螽蟴不是龍蝦喔。
1 螽蟴
2 姬蜂
我的綽號是外星人！

3 木蜂
我複眼又大又圓，
很萌吧！

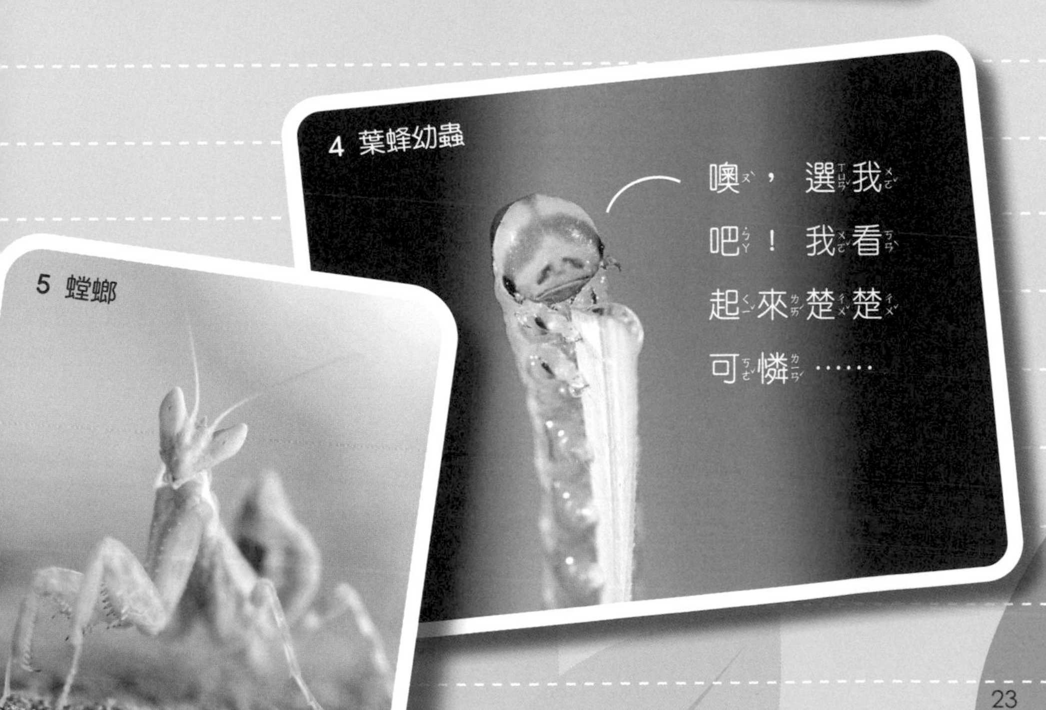
4 葉蜂幼蟲
噢，選我
吧！我看
起來楚楚
可憐……
5 螳螂

# 3 最佳身體造型獎

昆蟲的臉或許長得像外星生物，身體的造型也是五花八門。但事實上，昆蟲從三億多年前就已經出現在地球上，是道道地地的地球生物。

我們常見的蝗蟲、蜜蜂和蝴蝶等昆蟲，身體造型並沒有太多特色，可是有一小群昆蟲，彷彿不甘心長相普通，就像有些人喜歡戴帽子，有些喜歡背搶眼的背包，牠們也有出眾的造型。

　　這一群造型獨特的昆蟲中，有頭上長出三支犄角的南洋大兜蟲、觸角像是奶瓶刷子的天牛，還有腹部會伸出黃色「毛筆器」的雄性紫斑蝶。這些身體造型與構造都是天生的，沒有辦法像人類的帽子，想脫掉就脫掉。

我是南洋大兜蟲，打架從來沒輸過，看我的犄角就知道啦～

我是蠟蟬，比
孔雀還美吧！

我很驕傲我觸角的造型！
1 天牛

## 2 蠟蟬

我只穿自己設計的「衣服」。

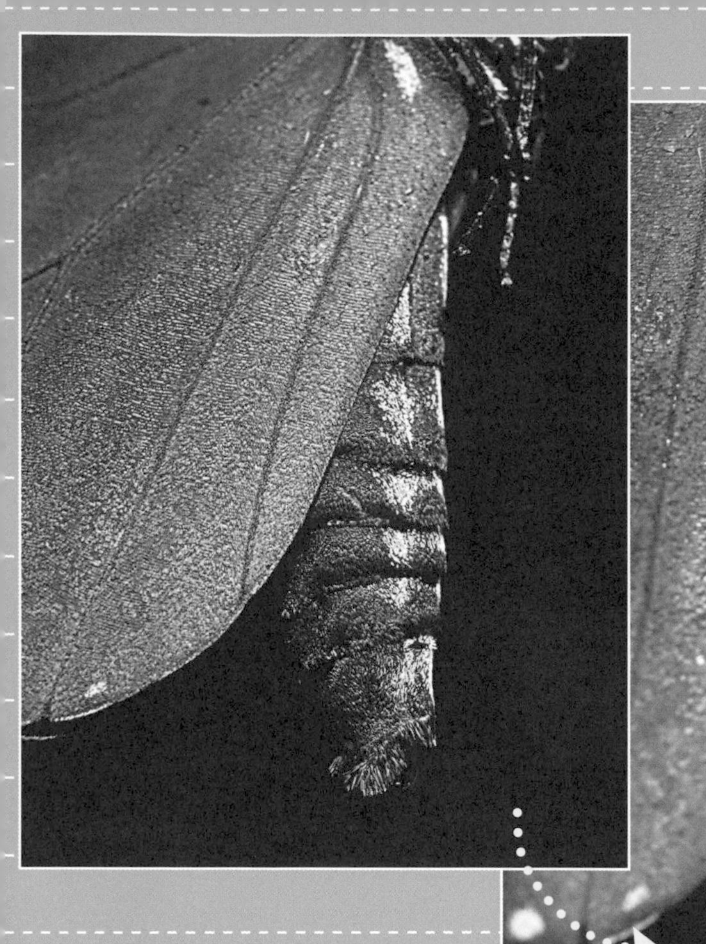

紫斑蝶會伸出毛筆器，吸引雌性的注意。

1 雄性紫斑蝶

一定有人想問，昆蟲為什麼要長得這麼奇怪？很可惜我們無法與昆蟲溝通，不能請昆蟲來解答，但根據昆蟲學家長期觀察，認為奇特的身體構造並不是為了好看，而是有實質的幫助。長長的犄角在打鬥中很好用；鳥兒可能不敢吃長刺的椿象；雄性斑蝶腹部伸出的毛筆器可以散發香味吸引雌性斑蝶。誰說造型只是為了好看而已！

噁！吃到長刺的蟲了……

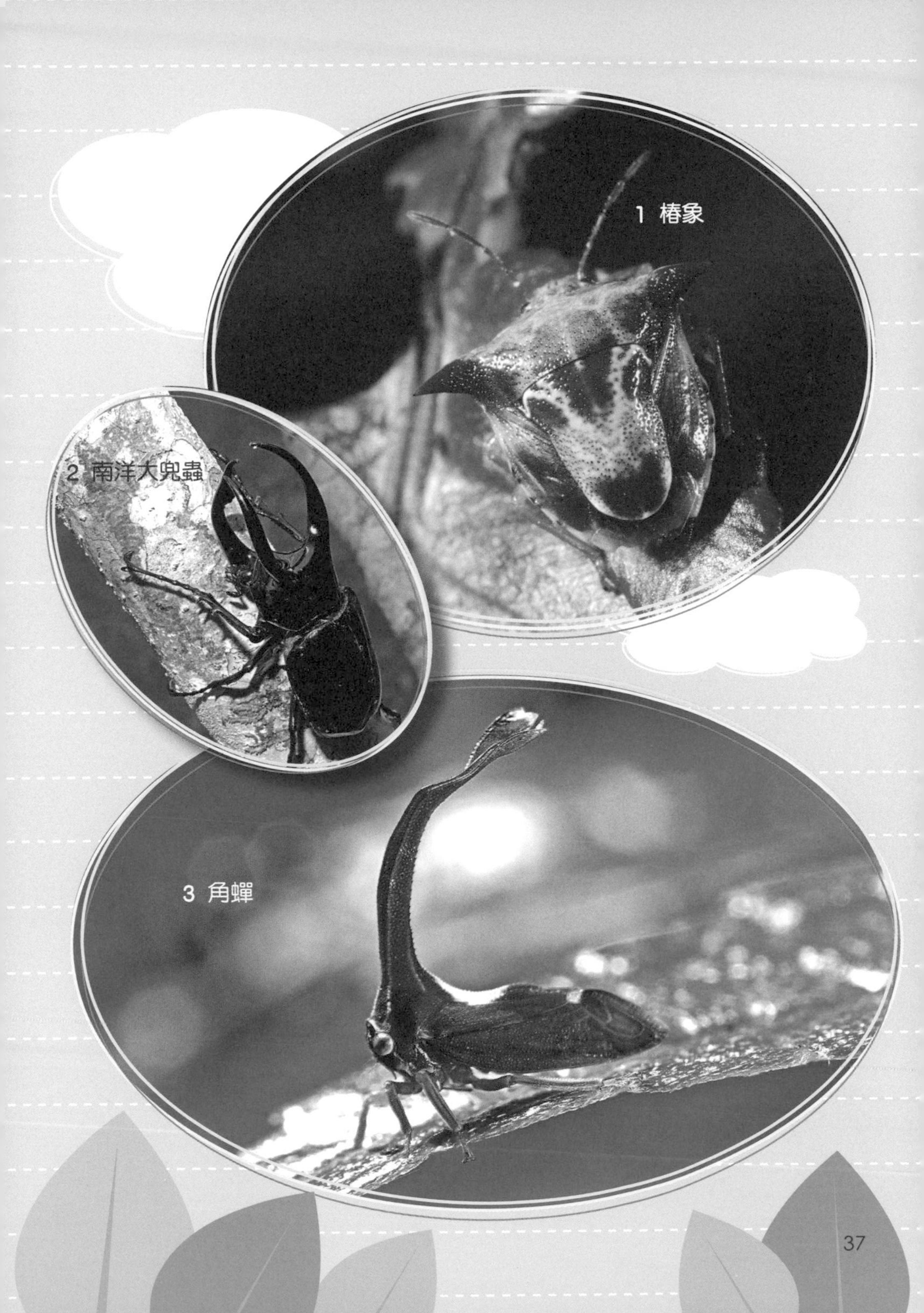
1 椿象
2 南洋大兜蟲
3 角蟬

# 4 最佳花紋獎

如果給你一張白紙，還有各種顏色的蠟筆，請你畫出一種特別的花紋，你會畫些什麼呢？糟糕，腦袋好像空空的！別擔心，看看入圍最佳花紋獎的昆蟲。只要把昆蟲的身體當作畫布欣賞，就會發現各式各樣的顏色與花紋囉。

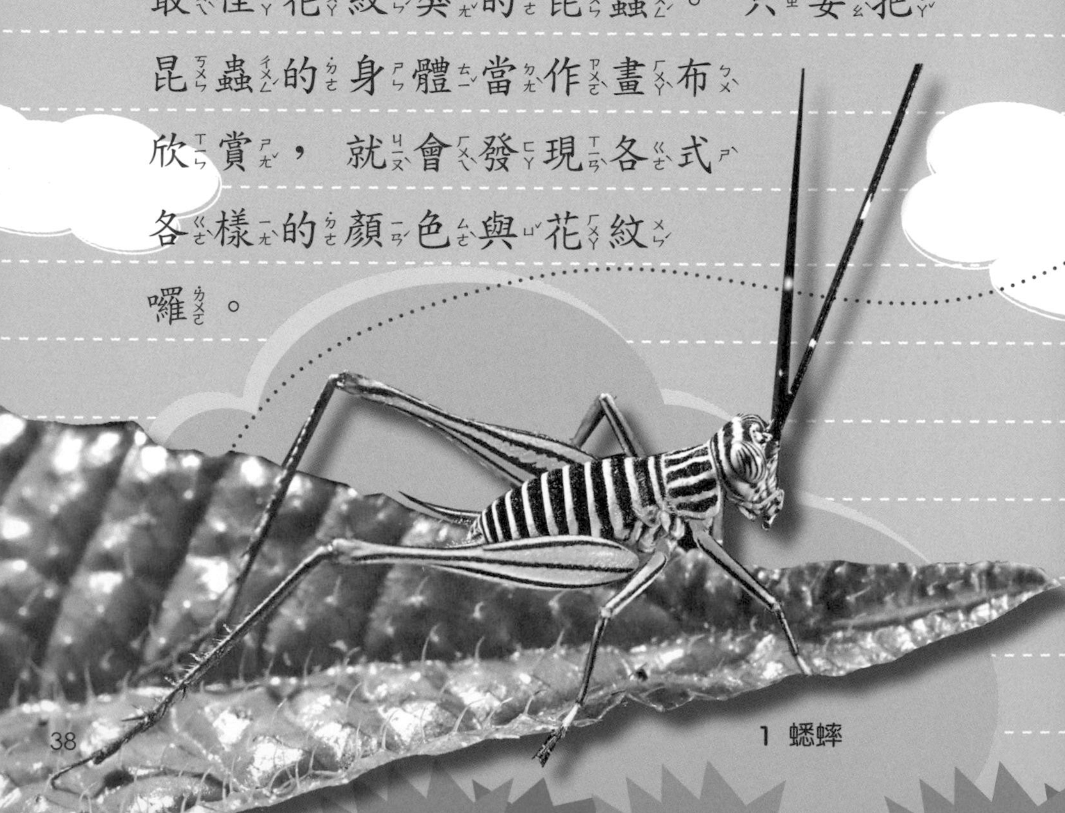

1 蟋蟀

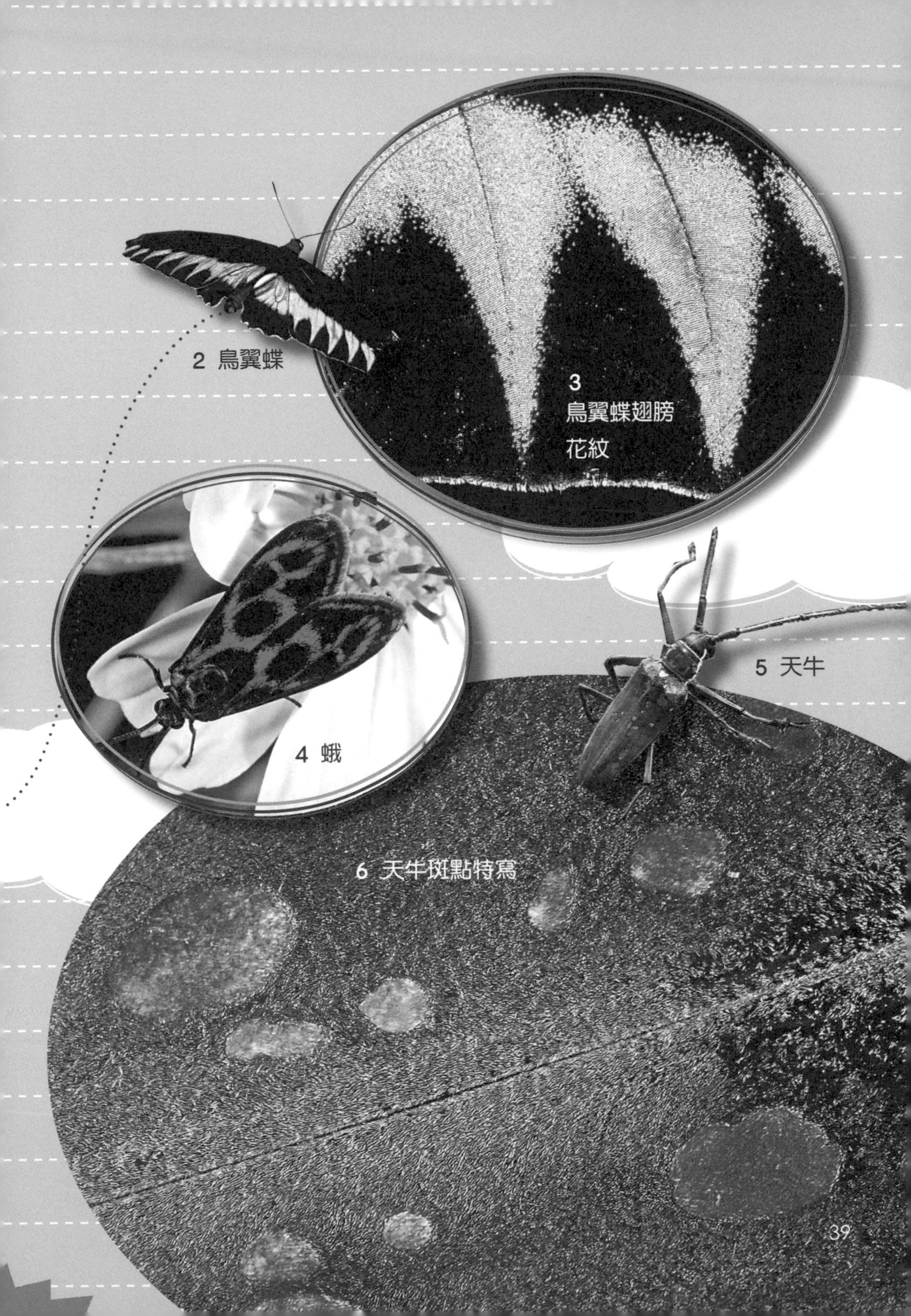
2 鳥翼蝶
3
鳥翼蝶翅膀
花紋
4 蛾
5 天牛
6 天牛斑點特寫

1 蠟蟬

在顏色上，可以看到各種大膽的色彩組合；在花紋上，有翅膀呈現鋸齒紋路的鳥翼蝶、漩渦狀的蠟蟬，更有像身體鑲上霓虹燈般的竹節蟲。昆蟲的身體簡直是藝術家的創作，融合各種圖案與線條。其實這全是大自然的精心傑作，是不是比人畫的還好看？

2 竹節蟲
3 蛾

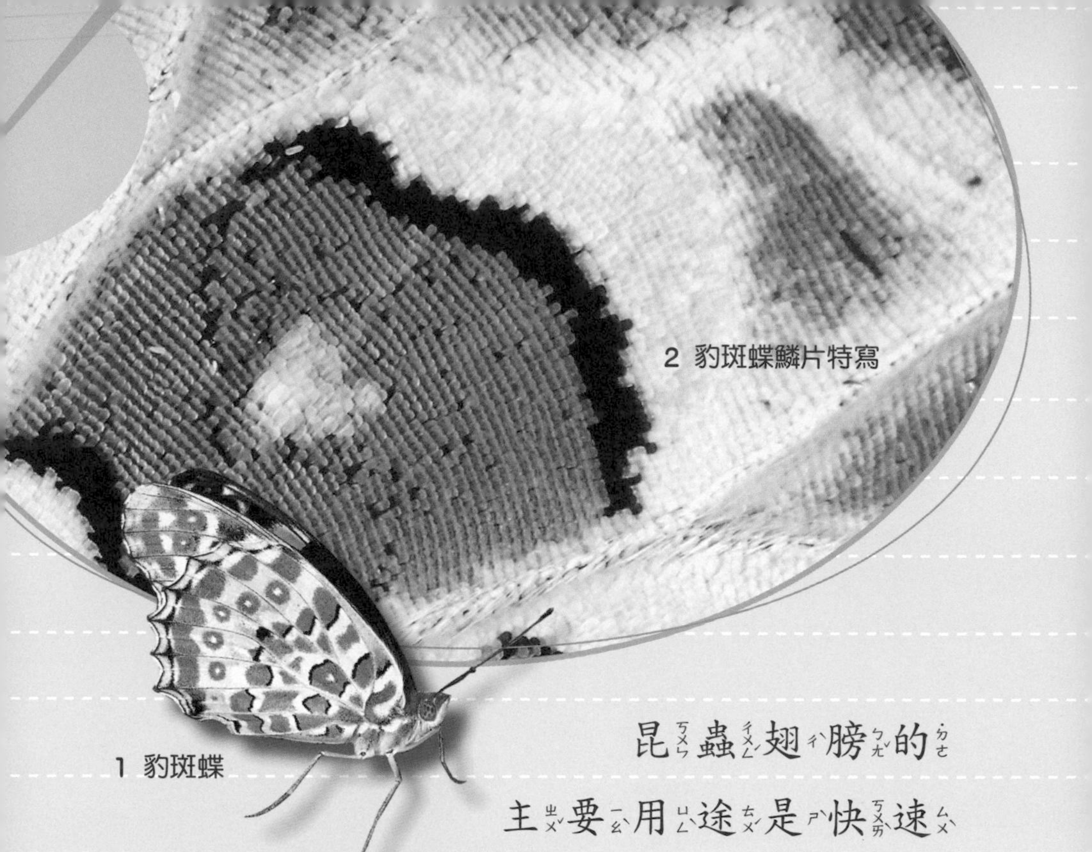

2 豹斑蝶鱗片特寫

1 豹斑蝶

昆蟲翅膀的主要用途是快速移動到各地去尋找食物與配偶，所以翅膀長得比較大，才能提供飛行需要的浮力。而不飛行的時候，昆蟲會將大大的翅膀蓋住腹部，或是打開在身體的兩側，就像是披在身上的大衣。

拿個放大鏡來觀察，會發現蝴蝶翅膀上有許多不同顏色的鱗片，組合成為美麗的圖案。蝴蝶與蛾類翅膀上常出現「假眼紋」，像極了貓頭鷹的眼睛，可以嚇唬想吃牠們的掠食者。

3 蛇目蝶

甲蟲身上有著堅硬的盔甲，那是翅膀硬化而轉變成的「翅鞘」。甲蟲的翅鞘很適合增添顏色與花紋，某些椿象的翅膀也是，就像汽車的外殼亮麗又有金屬光澤。而翅膀透明如薄紙的蜜蜂與蟬，雖然翅膀無法附著濃重的顏色，牠們還是有漂亮的

1 七星盾背椿象

紋路和細緻的色彩。

2 蟬

3 球背象鼻蟲花紋特寫

4 球背象鼻蟲

# 5 最佳偽裝獎

美麗的昆蟲很容易被發現，當然也容易被鳥兒、蜥蜴等天敵吃掉，所以有些昆蟲反而希望自己的樣子越不顯眼越好。

這類昆蟲聰明得很，懂得利用周圍的自然環境，替自己打扮，就像軍人一樣，進入森林要穿草綠色的迷彩裝，在沙漠要穿土黃色的迷彩，因為衣服、裝扮，讓整個人融入環境中，就不容易被敵人發現，這種行為叫做「偽裝」。

牠們是在偽裝。
男子漢，幹麼畏畏縮縮。

昆蟲比軍人更厲害，有些生下來就已經有迷彩裝扮，這樣躲在苔蘚或枯葉中，天敵根本找不到。就像尺蠖，遇到風吹草動就站立不動，簡直就跟樹枝一模一樣。

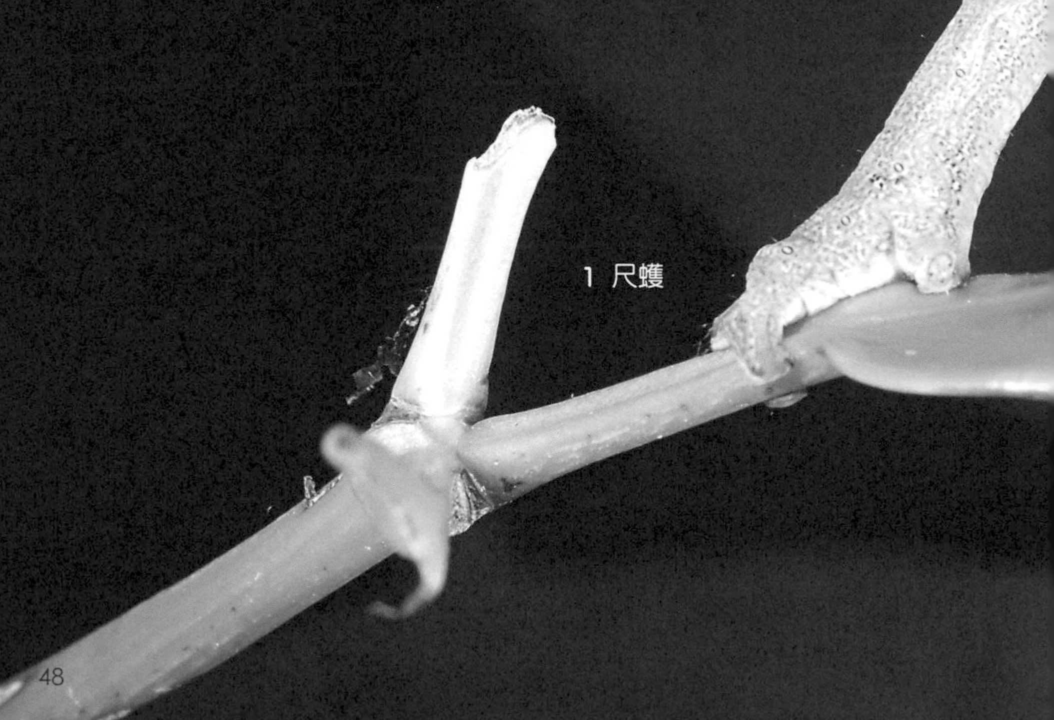

1 尺蠖

一、二、三，

木頭人！

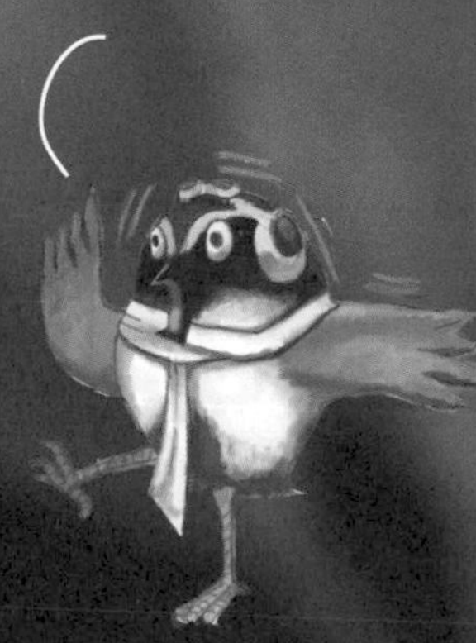

## 1 蚜獅

還有一種叫做「蚜獅」的昆蟲，牠們懂得另一種高明的偽裝，因為不會飛，身上也沒有迷彩裝，就只好發揮「廢物利用」的撿垃圾方法，將路上的植物種子、枯枝落葉、昆蟲屍體等撿起來放到身上，讓自己看起來像是一團垃圾，想必騙過了不少天敵。

在競爭激烈的大自然之中，體形嬌小的昆蟲常是許多鳥類和其他昆蟲的大餐，因此，牠們就利用顏色與身體形狀偽裝成大自然的一草一木，將自己融入環境中。

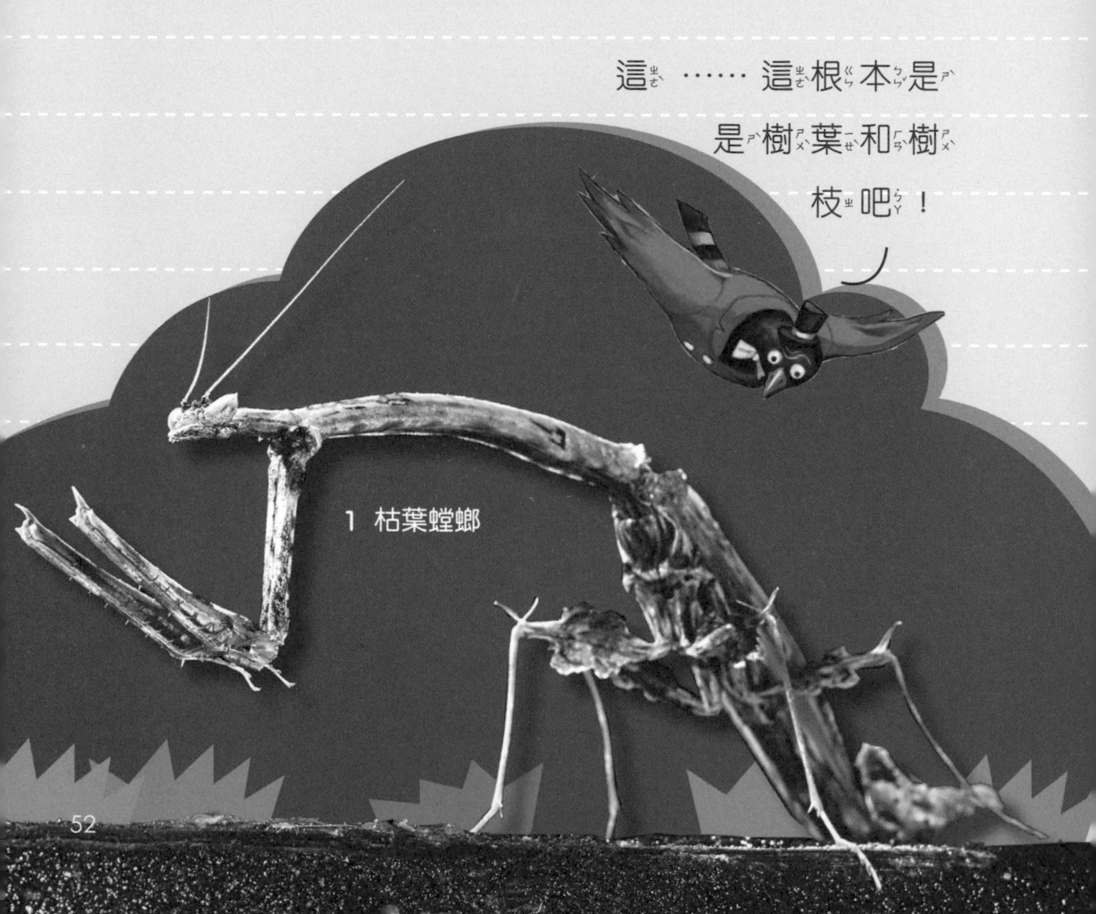


1 枯葉螳螂

2 螽蟴

## 1 苔蘚竹節蟲

## 6 最佳變身獎

說到昆蟲最奇妙的生態行為，應該就是牠們神奇的「變身」能力。

昆蟲的變身並不像電影中的蜘蛛人，只是換上蜘蛛裝而已，而是澈澈底底的大改變。毛毛蟲就是最好的例子，在幼蟲階

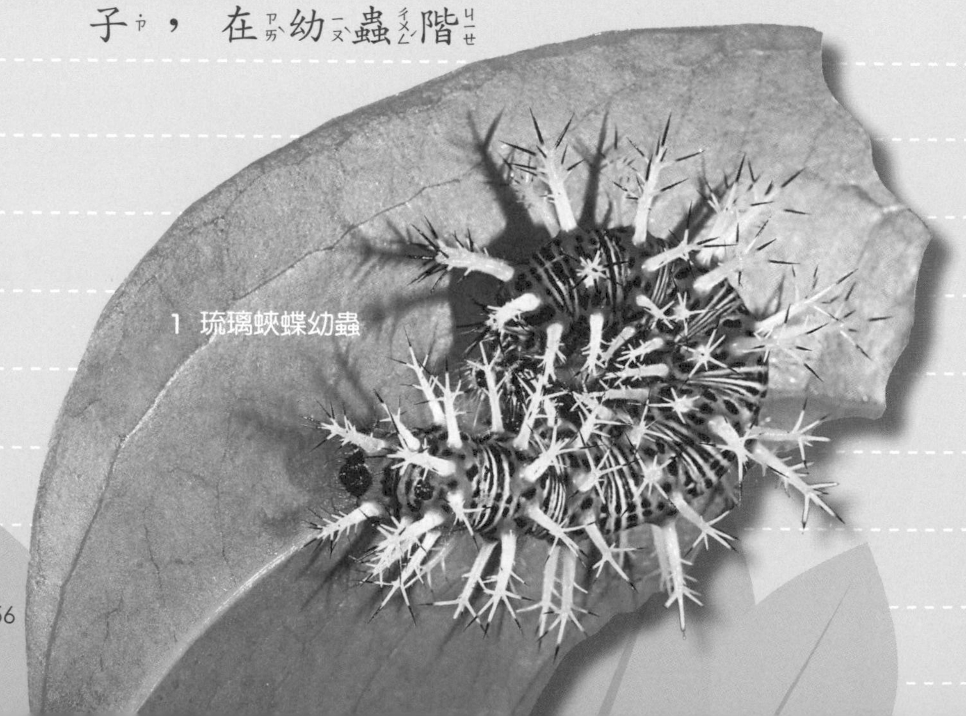

1 琉璃蛺蝶幼蟲

2 琉璃蛺蝶成蟲

段，形狀長得像迷你熱狗，只能在葉子上爬來爬去，到了成蟲階段卻搖身一變，成為拍動著美麗翅膀、在天空飛翔的蝴蝶。

請叫我「蜘蛛鳥」！

從毛毛蟲變成蝴蝶後，除了外形的改變，連吃的東西都不一樣。毛毛蟲吃的是葉子，而蝴蝶改吃花蜜，會產生這麼大的改變，最重要的就是經過「蛹」的階段。當幼蟲累積足夠能量後，就會把外皮脫下變成「蛹」，蛹的形狀各有不同，昆蟲在裡面進行身體大改造，身體器官與外形都會重新組合。

破蛹而出的過程就叫做「羽化」，毛毛蟲從此變成美麗的蝴蝶。

蝴蝶、甲蟲和蜜蜂都會經歷卵、幼蟲、蛹和成蟲四個階段，也稱作「完全變態」，有些昆蟲則屬於「不完全變態」與「無變態」，只有「完全變態」的昆蟲才能展現神奇的變身能力，簡直比變魔術還了不起！

天靈靈、地靈靈……

幼蟲

1 六條瓢蟲

4 雞冠鍬形蟲

蛹
成蟲
2
3
5
6

# 7 最佳母愛獎

看了前面幾項金昆蟲獎的獎項，是不是很佩服昆蟲的自然造型與改變能力呢？小小的昆蟲，會做的事卻大大超乎我們的想像。

如果你覺得昆蟲這麼小隻，腦袋一定超迷你，因此無法做太複雜的事，那就大錯特錯了。某些昆蟲為了孕育下一代，會做出令人讚嘆的工作，甚至比其他動物還厲害。

我們臺灣藍鵲家族裡，不只鳥媽媽，全家族都很關心寶寶呢。

唉，我們八色鳥老是被壞人抓去當寵物。

大多數昆蟲媽媽將卵產下後就離開了，卵是不是會順利孵化？孵化後的幼蟲吃不吃得飽？只能靠命運來決定。

不過盾背椿象、捲葉象鼻蟲與狩獵蜂卻是相當負責任的昆蟲媽媽。盾背椿象媽媽產卵後，就不吃不喝的保護著卵，期待寶寶能順利孵化，這種「護卵」行為在昆蟲中並不常見。

1 盾背椿象產卵

狩獵蜂媽媽又不一樣了，因為寶寶要吃的是肉，所以狩獵蜂媽媽會捕捉毛毛蟲或螽蟴等獵物，將牠們麻醉後，再挖個洞埋起來，卵就產在獵物身上，這樣寶寶一出生就有肉可以吃了。

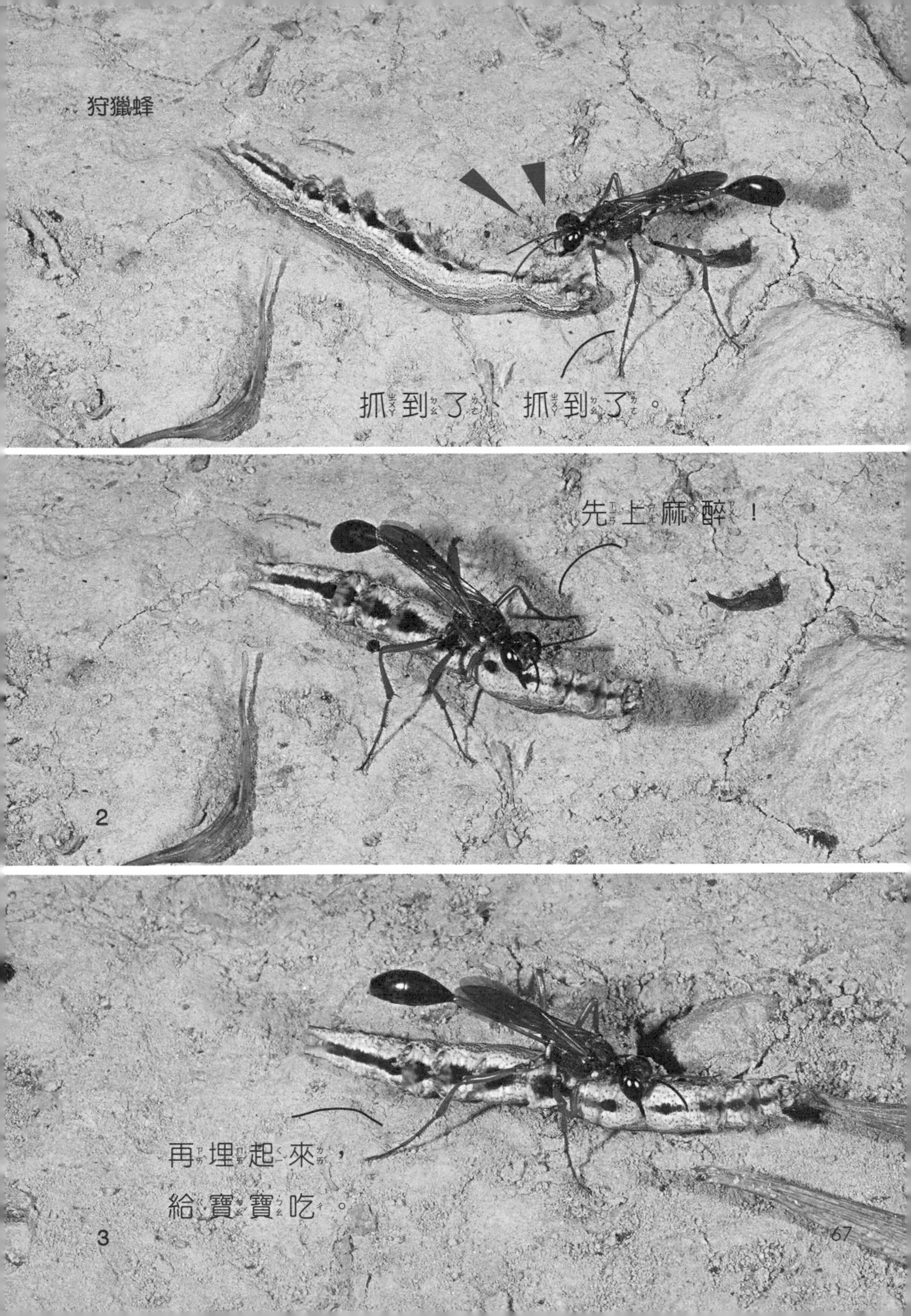
狩獵蜂
1
抓到了、抓到了。
先上麻醉！
2
再埋起來，
給寶寶吃。
3

捲葉象鼻蟲則採取一次只產一顆卵的方式，讓卵受到最好的照顧。這位蟲媽媽會挑一片幼蟲喜歡吃的葉子，像蛋捲一樣捲起，再將卵產在葉片蛋捲中，這樣卵不但能受到葉子的保護，孵化出來的幼

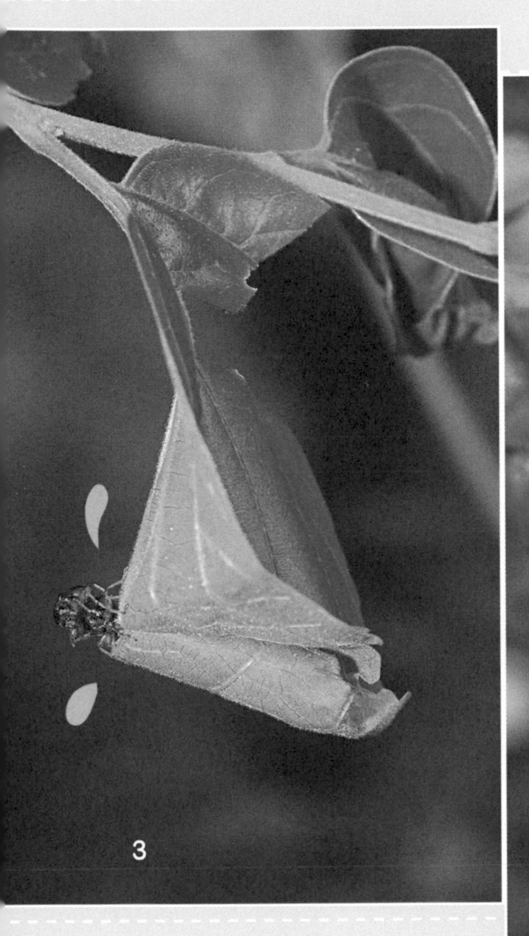

蟲還可以直接吃葉片蛋捲，

食、衣、住都不用愁了！

有包蟲蟲的葉片蛋捲，

看起來好好吃。

呼，終於做好搖籃了，寶寶要乖喔！

2

# 8 最佳團體造型獎

雖然有好幾個獎項的入圍者靠偽裝躲避天敵，或是靠媽媽的照顧，因而順利長大，但還有許多昆蟲寶寶得靠自己，才能在競爭激烈的大自然裡存活下來。

常常有人說「團結力量大」，小小的昆蟲寶寶聚集在一起，氣勢上就是不同。如果天敵看到一堆紅色椿象寶寶聚集，也許就會猶豫要不要去吃牠們。

拼盤大餐！

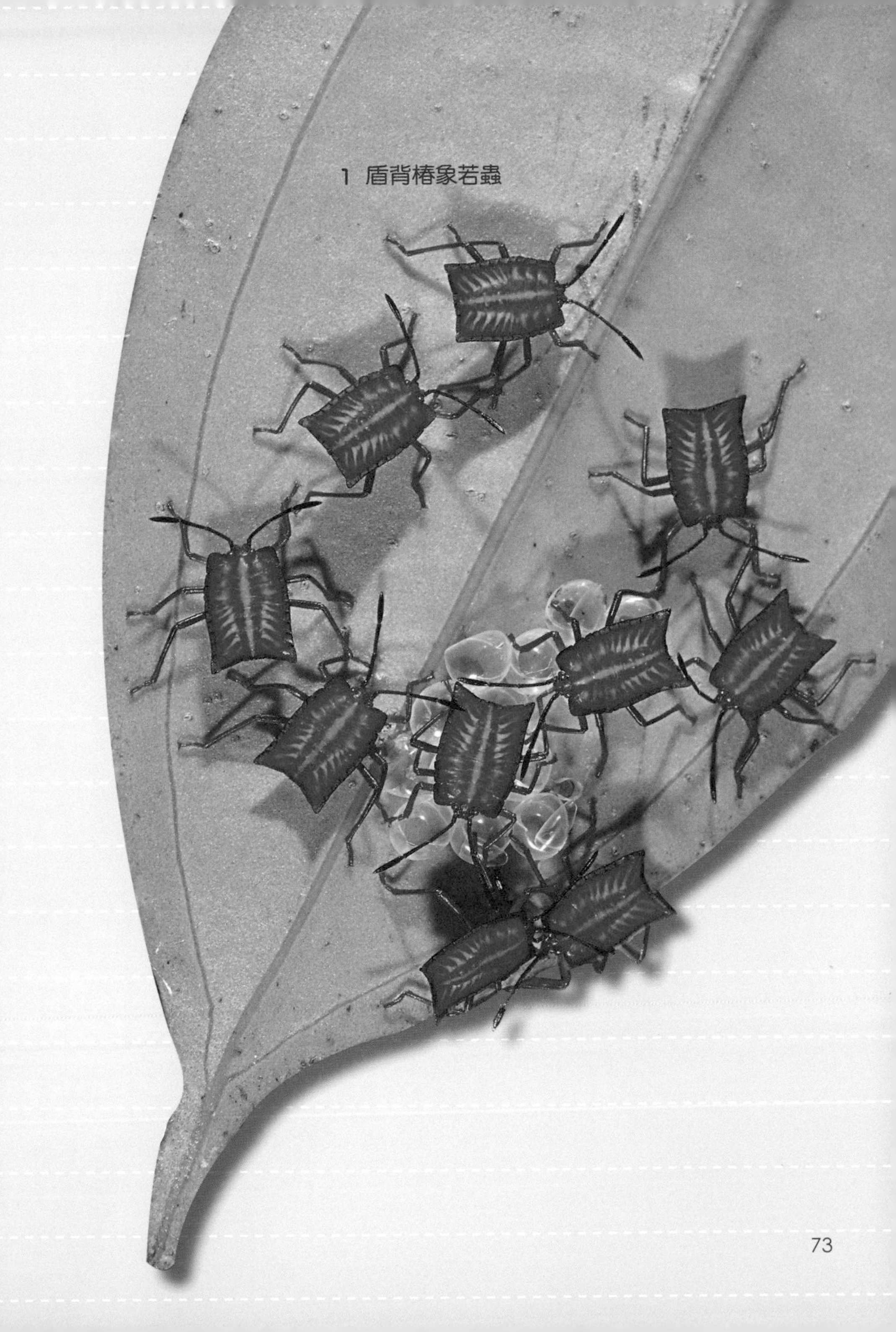

1 盾背椿象若蟲

黃蝶幼蟲聚集在同一棵樹上覓食，一隻隻連接在一起，看起來就像小蛇，天敵看不清楚時，會不敢靠近；就算騙不了敵人，面對數十隻黃蝶幼蟲，牠也只吃得下幾隻，吃飽後對其他幼蟲就沒興趣了，大多數黃蝶幼蟲就能幸運存活下來。

我們也喜歡大家聚在一起生活。

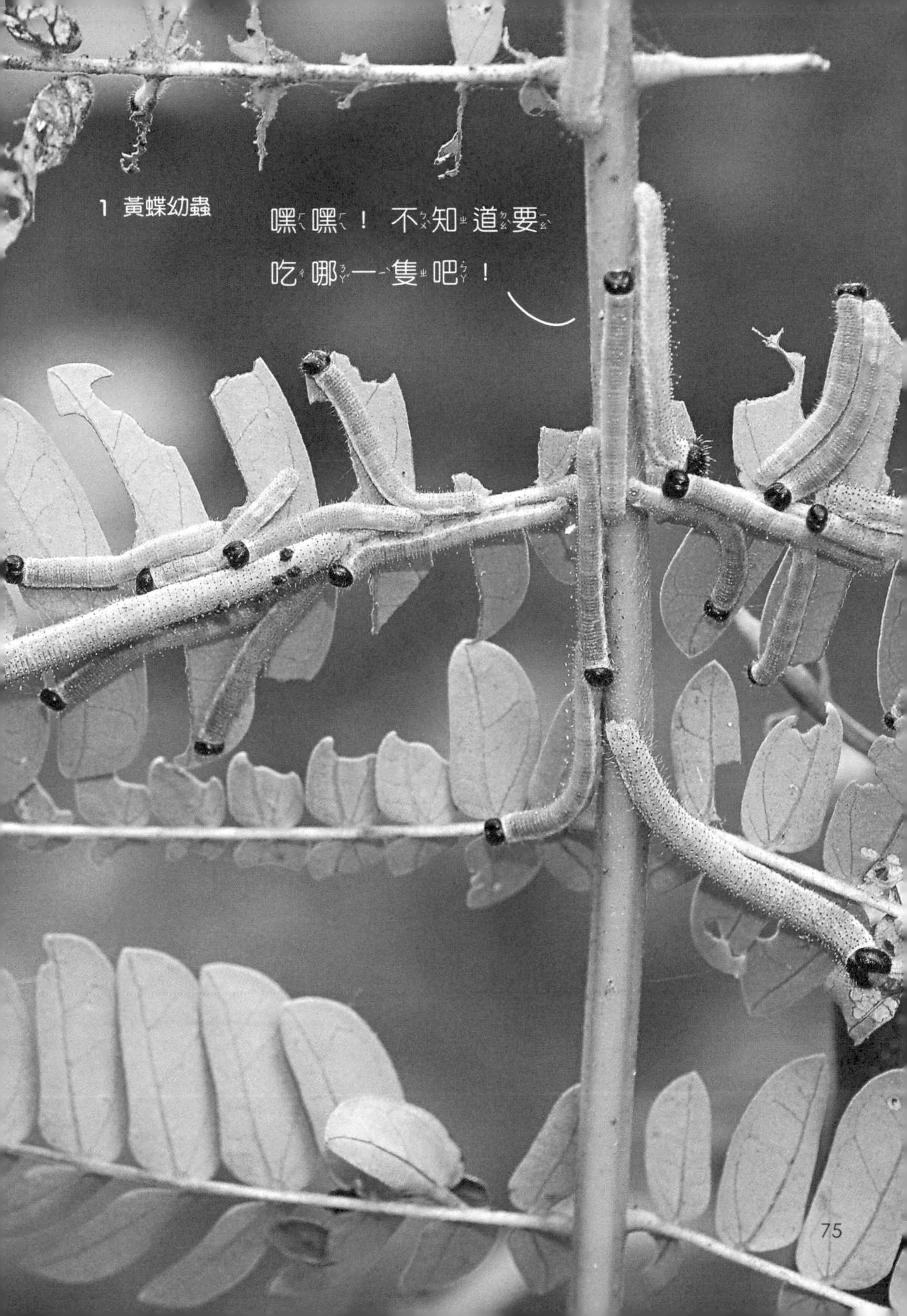


1 黃蝶幼蟲

紫斑蝶也
會聚集，但
不是為了躲避
天敵，而是要躲避寒
冷的氣候。每年秋天，分布
在各地的紫斑蝶，會飛往南
部的山谷裡避風，整個冬天
牠們都聚集在山谷的樹上，
一個山谷就有二、三十萬隻
紫斑蝶聚集！五個月後春天
到了，才會陸陸續續
返回原本的棲息地。

我們比較喜歡
兩人世界。

2

## 得獎者是……

　　這麼多昆蟲當中，有你中意的入圍者嗎？你對牠們認識多少呢？其實人類對昆蟲的認識很有限，因為牠們身體嬌小，容易被忽略，而且生活範圍通常也比較小，如果一片森林被砍伐了，就可能有好多種昆蟲會無家可歸，甚至會從地球上永遠消失……

經過激烈的競爭，金昆蟲獎的評審終於要公布得獎名單了，每一個優勝者，都是平常難得一見的昆蟲，完全符合「蟲來沒看過」的最高指導原則。

得獎的是……

謎底要揭曉啦～

得獎者是來自臺灣的紫斑蝶。紫斑蝶從腹部伸出的毛筆器，就像啦啦隊用的彩球，而且不只美觀，毛筆器還是雄蝶求偶的最佳工具，好看又實用。

## 紫斑蝶

得獎者是來自中國雲南的螳螂，三角形的頭部上，有著比其他螳螂還要突出的砲彈狀複眼，看起多了分狡猾模樣，不愧是掠食性昆蟲。

螳螂

恭喜來自臺灣的蚜獅。小小的蚜獅不像其他候選者，先天就有極佳偽裝，牠只能靠自己的努力，撿拾各種東西堆到身上，偽裝成大自然中的垃圾。牠的偽裝很有創意，也成功的瞞過許多天敵。

蚜獅

得獎的是來自馬來西亞的蟋蟀。雖然牠的花紋並不複雜，但是對比強烈的黃色與黑色，再加上簡潔有力的直線與橫線圖案，就像昆蟲中的斑馬，非常搶眼。

蟋蟀

恭喜來自臺灣的狩獵蜂媽媽。狩獵蜂媽媽為了準備營養的毛毛蟲或蜘蛛給孩子吃，得經過一番搏鬥，才能將獵物用毒針麻痺。為了寶寶的第一餐，媽媽可是費盡心思呢！

狩獵蜂

由來自臺灣的鍬形蟲獲獎。鍬形蟲的幼蟲，看起來都是白白胖胖的，沒什麼特別。但是變態為成蟲後，會長出粗壯的大顎，也換穿一身帶有金屬光澤的橘紅色外衣，令人眼睛為之一亮。

## 鍬形蟲

恭喜來自馬來西亞的椿象若蟲。還未脫皮長大的椿象若蟲，一出生就知道聚在一起才有活命的可能。天敵知道有鮮豔「警戒色」的椿象若蟲體內可能含有毒素，當牠們成群出現時，就更不敢吃了。

椿象若蟲

　　舉辦金昆蟲獎，就是要讓我們用不同的方式認識昆蟲，未來的昆蟲學家會發現更多從沒看過的昆蟲，而這些昆蟲對人類的疾病、科學研究，或許會有相當大的幫助。將來新發現的昆蟲，可能就是競爭下一屆金昆蟲獎的熱門候選人，有機會到野外走走時，為下一屆金昆蟲獎挑選入圍者吧！讓我們為這些得獎的昆蟲拍拍手！

# 追尋從沒看過的……

◎楊維晟

透過《蟲來沒看過》這本書，我希望能帶給讀者「從來沒看過」的驚奇感。在多年的昆蟲攝影生涯，我跑過臺灣無數地方，甚至遠征馬來西亞熱帶雨林與法國，為的就是讓讀者的眼界，能廣及世界各地。

不過我認為最佳觀察的地點，就在我們自家附近，不用捨近求遠，都市中有綠地公園，往郊外還有各類型自然步道，都是十分適合觀察昆蟲的地方，方便又安全。我個人就是在這些容易到達的自然或半自然環境中，觀察到很多「從來沒看過」的昆蟲。

切記，昆蟲雖然美麗，但牠們終究是屬於大自然的，千萬不要把牠們「綁架」回家飼養，喜歡昆蟲的話，就讓我們親自到野外與牠們相遇吧。

目前坊間所看到的昆蟲書籍，大部分皆翻譯自國外，少部分才是由國內的作者所撰寫，但內容多半僅限臺灣地區，世界觀較為不足。所幸，親子天下對自製童書懷抱熱情，我因而能藉此機會，將累積的昆蟲攝影，包括臺灣與熱帶雨林等地，彙集成《蟲來沒看過》一書，同時透過生動活潑的介紹方式，希望為將來地球的主人翁，開啟一扇認識昆蟲的大門，進而喜愛與保護昆蟲，跨出保護大自然的第一步。

# 蟲蟲的祕密檔案

## 頒獎典禮開始囉

P.05 圖1 正展開翅膀，準備飛行的紅螢。
P.05 圖2 頭部與胸部各長出一支犄角的姬獨角仙。
P.05 圖3 吸食花蜜的小灰蝶。
P.05 圖4 體色翠綠的螽蟴（馬來西亞）。
P.06 圖1 頭上長出突起物，乍看像是大象鼻子的蠟蟬（馬來西亞）。
P.06 圖2 頭上有三支犄角的南洋大兜蟲（馬來西亞）。
P.06 圖3 頭部紋路就像一張臉孔的葉蜂幼蟲。
P.06 圖4 不動的時候就跟枯枝沒兩樣的枯葉螳螂（馬來西亞）。
P.07 圖5 翅膀邊緣鑲著藍邊的蛾（馬來西亞）。

## 1.挑選參賽者

P.11 圖1 有八隻腳的蜘蛛（非昆蟲）。
P.12 圖1 有四十隻腳的蜈蚣（非昆蟲）。
P.13 圖2 有三十隻腳的蚰蜒（非昆蟲）。
P.13 圖3 號稱百足的馬陸（非昆蟲）。
P.13 圖4 有八隻腳的蜘蛛（非昆蟲）。

## 2.最特殊臉部表情獎

P.17 圖1 看起來很倒楣的螽蟴。
P.19 圖1 複眼相當明顯的天牛。
P.21 圖1 口器像根吸管，方便吸花蜜的小灰蝶。
P.22 圖1 臉部呈水滴狀，口器外形像兩顆大門牙的螽蟴。
P.22 圖2 長得像外星人的姬蜂。
P.23 圖3 複眼渾圓碩大，身體也圓滾滾的木蜂。

P.23 圖4 頭部紋路看起來很像臉孔的葉蜂幼蟲。
P.23 圖5 複眼非常突出，造型像砲彈般的螳螂（雲南）。

## 3.最佳身體造型獎

P.27 圖1 南洋大兜蟲，雄蟲會長出三根犄角，在爭奪食物與配偶時可派上用場（馬來西亞）。
P.28 圖1 頭上長出突起物，又像大象鼻子，也像戴著廚師高帽的蠟蟬 （馬來西亞）。
P.30 圖1 不只觸角像個奶瓶刷子，六隻腳還紅通通的天牛（雲南）。
P.31 圖2 某些蠟蟬會在腹部長出蠟質分泌物，累積成為奇特的造型，這隻蠟蟬的分泌物很像孔雀開屏。
P.32 連環圖 為了吸引雌蝶，雄性紫斑蝶會從腹部伸出黃色的「毛筆器」，以散發費洛蒙。
P.34 圖1 雄性紫斑蝶從腹部伸出的黃色毛筆器，就像啦啦隊的彩球。
P.37 圖1 彷彿長出牛角的椿象。
P.37 圖2 頭上有三支犄角的南洋大兜蟲。
P.37 圖3 頭上長出怪角的角蟬。

## 4.最佳花紋獎

P.38 圖1 黃黑條紋交錯，像斑馬線的蟋蟀（馬來西亞）。
P.39 圖2 翅膀相當寬大的鳥翼蝶 （馬來西亞）。
P.39 圖3 鳥翼蝶翅膀上有鋸齒狀花紋 （馬來西亞）。
P.39 圖4 翅膀有藍色圖案，像阿拉伯數字「88」的蛾。
P.39 圖5 翅膀上有紅色如血滴斑點的天牛（馬來西亞）。
P.39 圖6 天牛翅膀上的紅色斑點特寫（馬來西亞）。
P.40 圖1 翅膀花紋呈漩渦狀的蠟蟬（馬來西亞）。
P.41 圖2 難得一見有著彩色紋路，體色十分高調的竹節蟲（馬來西亞）。

P.41 圖3 遠看很像千層蛋糕的蛾。
P.42 圖1 全身黃色，帶有美麗點狀紋路的豹斑蝶。
P.42 圖2 豹斑蝶鱗片特寫。
P.43 圖3 翅膀上有眼睛般「假眼紋」的蛇目蝶。
P.44 圖1 身上帶有金屬光澤的七星盾背椿象。
P.45 圖2 翅膀透明如薄紙，能明顯看到翅脈的蟬（馬來西亞）。
P.45 圖3 球背象鼻蟲硬化的前翅上有塗鴉般的花紋。
P.45 圖4 正在交尾的球背象鼻蟲。

## 5.最佳偽裝獎

P.48 圖1 不動時就像枯樹枝的尺蠖蛾幼蟲——「尺蠖」。
P.50 圖1 會將雜物背在身上當作是偽裝的草蛉幼蟲——「蚜獅」。
P.52 圖1 枯葉螳螂，長得像細細的枯樹枝（馬來西亞）。
P.53 圖2 身體扁平、平貼在葉子上就像片綠葉的螽蟴（馬來西亞）。
P.54 圖1 身體的顏色、花紋與背景苔蘚相似的苔蘚竹節蟲。

## 6.最佳變身獎

P.56 圖1 琉璃蛺蝶的幼蟲。
P.57 圖2 琉璃蛺蝶成蟲。
P.59 圖1 黃蝶的卵。
P.59 圖2 黃蝶的幼蟲。
P.59 圖3 黃蝶的蛹。
P.59 圖4 黃蝶的成蟲。
P.60 圖1 六條瓢蟲的幼蟲。
P.61 圖2 六條瓢蟲的蛹。
P.61 圖3 六條瓢蟲的成蟲。
P.60 圖4 雞冠鍬形蟲的幼蟲。
P.61 圖5 雞冠鍬形蟲的蛹。

P.61 圖6 雞冠鍬形蟲的成蟲。

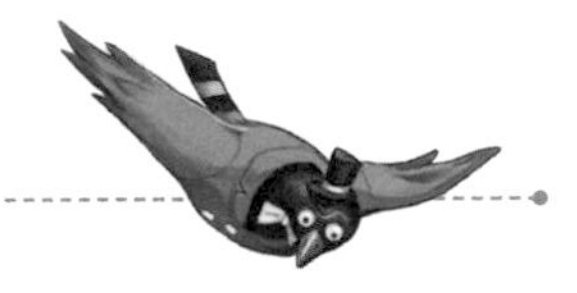

## 7.最佳母愛獎

P.65 圖1 盾背椿象產完卵後，會不眠不休的守護著卵。
P.67 圖1 狩獵蜂媽媽會捕捉毛毛蟲，作為幼蟲的食物。
P.67 圖2 狩獵蜂媽媽利用腹部的麻醉針，將毛毛蟲麻醉。
P.67 圖3 麻醉毛毛蟲後，狩獵蜂媽媽用大顎夾住肥胖的毛毛蟲，搬到地洞中。
P.68 圖1 捲葉象鼻蟲媽媽切割葉片、手腳並用，費力的捲起葉片，有時蟲爸爸會趴在媽媽背上不肯走。
P.68 圖2 捲葉象鼻蟲媽媽捲到三分之一時，會將卵先產在葉片搖籃中，然後繼續捲。
P.69 圖3 捲葉象鼻蟲媽媽將葉片像捲蛋捲般，慢慢的捲成蛋捲狀。
P.69 圖4 大約一小時過後，捲葉象鼻蟲媽媽終於捲好幼蟲生長的「搖籃」了。
P.70 圖1 捲葉象鼻蟲媽媽雖然身軀嬌小，為了下一代卻展現出驚人力量。
P.71 圖2 捲好的葉片搖籃，高掛在枝頭，幼蟲就在裡面成長茁壯。

## 8.最佳團體造型獎

P.73 圖1 紅色的盾背椿象若蟲，群聚在葉片背後（馬來西亞）。
P.75 圖1 黃蝶幼蟲群聚在葉片上，大口啃食著葉片。
p.76 圖1 紫斑蝶。
p.77 圖2 冬天時，群聚在山谷「避冬」的紫斑蝶。

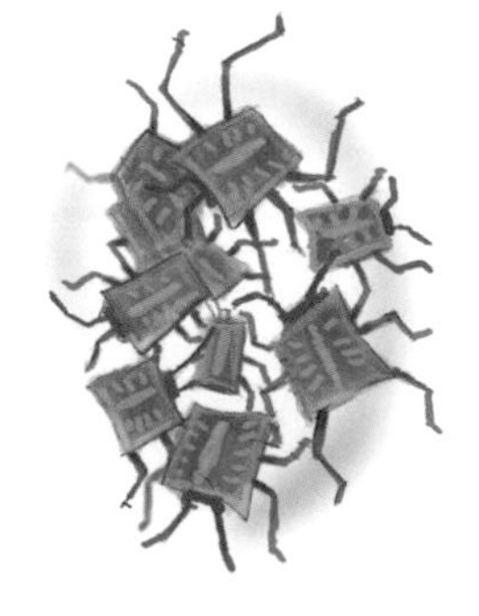

知識讀本館

蟲小看世界 2

# 蟲來沒看過

作者・攝影｜楊維晟
繪者｜蔡其典
責任編輯｜蔡忠琦、劉握瑜（特約）
美術設計｜李真、李潔（特約）
行銷企劃｜劉盈萱

天下雜誌群創辦人｜殷允芃
董事長｜何琦瑜
兒童產品事業群
副總經理｜林彥傑
總監｜林欣靜
版權專員｜何晨瑋、黃微真

出版者｜親子天下股份有限公司
地址｜台北市 104 建國北路一段 96 號 4 樓
電話｜（02）2509-2800　傳真｜（02）2509-2462
網址｜ www.parenting.com.tw
讀者服務專線｜（02）2662-0332　週一～週五：09:00~17:30
傳真｜（02）2662-6048　客服信箱｜ bill@cw.com.tw
法律顧問｜台英國際商務法律事務所・羅明通律師
製版印刷｜中原造像股份有限公司
總經銷｜大和圖書有限公司　電話：（02）8990-2588

出版日期｜2008年7月第一版第一次印行
2022年2月第三版第一次印行
定價｜280元
書號｜BKKKC192P
ISBN｜9786263051508（平裝）

國家圖書館出版品預行編目資料

蟲來沒看過 / 楊維晟文 ; 蔡其典圖. -- 第三版. -- 臺北市 : 親子天下股份有限公司, 2022.02 ; 104 面 ; 14.8x21 公分. 注音版

ISBN 978-626-305-150-8（平裝）
1. 昆蟲 2. 通俗作品

387.7　110021013